NUESTRO SISTEMA SOLAR

LA TIERRA

por Alissa Thielges

AMICUS

agua

montaña

Busca estas palabras e imágenes mientras lees.

satélite

luna

La Tierra es nuestro hogar.

Es un planeta.

La Tierra viaja alrededor del Sol.

Le toma alrededor de 365 días.

Es el tercer planeta más próximo al Sol.

Sol

Mercurio

Venus

La Tierra

Marte

Neptuno

Urano

Saturno

Júpiter

¿Ves el agua?

La necesitamos para vivir.

No se la encuentra en

ningún otro planeta.

agua

¿Ves la montaña?

Es la más alta de la Tierra.

La gente la escala.

montaña

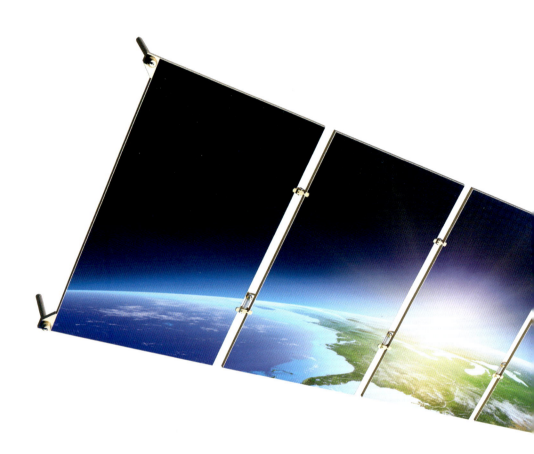

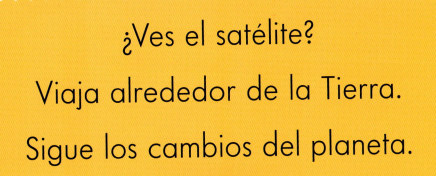

¿Ves el satélite?

Viaja alrededor de la Tierra.

Sigue los cambios del planeta.

satélite

¿Ves la luna?

Está cerca de la Tierra.

Sobre ella han caminado

astronautas.

luna

La Tierra tiene vida.

Los otros planetas, no.

¿Ves el agua?
La necesitamos para vivir.
No se encuentra en ningún
otro planeta.

agua

¿Ves la montaña?
Es la más alta de la Tierra.
La gente la escala.

montaña

agua

montaña

¿Lo encontraste?

satélite

luna

¿Ves el satélite?
Viaja alrededor de la Tierra.
Sigue los cambios del planeta.

satélite

¿Ves la luna?
Está cerca de la Tierra.
Sobre ella han caminado
astronautas.

luna

Publicado por Amicus Learning, un sello de Amicus
P.O. Box 227, Mankato, MN 56002
www.amicuspublishing.us

Library of Congress Cataloging-in-Publication Data
Names: Thielges, Alissa, 1995– author.
Title: La Tierra / por Alissa Thielges.
Other titles: Earth. Spanish
Description: Mankato, MN : Amicus, [2024] | Series: Spot.
    Nuestro sistema solar | Audience: Ages 4–7 | Audience:
    Grades K-1 | Summary: "Earth—home sweet home.
    Early readers discover what makes our planet unique
    from all the others in the universe. Simple, Spanish text
    and a search-and-find feature reinforce new science
    vocabulary in this North American Spanish translation"—
    Provided by publisher.
Identifiers: LCCN 2022049457 (print) | LCCN 2022049458
    (ebook) | ISBN 9781645495833 (library binding) |
    ISBN 9781681529073 (paperback) |
    ISBN 9781645496137 (ebook)
Subjects: LCSH: Earth (Planet)--Juvenile literature.
Classification: LCC QB631.4 .T45418 2024 (print) | LCC
    QB631.4 (ebook) | DDC 525—dc23/eng20230106
LC record available at https://lccn.loc.gov/2022049457
LC ebook record available at
    https://lccn.loc.gov/2022049458

Rebecca Glaser, editora
Deb Miner, diseñador de la serie
Lori Bye, diseñador de libro
Omay Ayres, investigación fotográfica

Créditos de Imágenes: Flickr/NASA, cover;
Getty/ewg3D, 4–5; Shutterstock/Digital Photo
6–7, Jane Rix 14, Johan Swanepoel 10–11,
Klagyivik Viktor 12–13, Vixit 8–9 Vladi333, 3;
Wikimedia Commons/Joshua Stevens NASA
Earth Observatory, 1, 16

LA TIERRA

Impreso en China